WAS IST LERNEN AN STATIONEN?

Beim Lernen an Stationen handelt es sich um eine Form selbstständigen Arbeitens, bei der

- ☐ unterschiedliche Lernvoraussetzungen,
- ☐ unterschiedliche Zugänge und Betrachtungsweisen,
- ☐ unterschiedliches Lern- und Arbeitstempo
- ☐ und häufig fächerübergreifendes Arbeiten

berücksichtigt werden.

Grundidee

Den Schülerinnen und Schülern werden Arbeitsstationen zur individuellen Bearbeitung angeboten, an welchen sie selbstständig, in beliebiger Abfolge und meist auch in frei gewählter Sozialform entsprechend ihren Möglichkeiten und Fähigkeiten arbeiten. Damit soll ihnen optimales Lernen und Üben ermöglicht werden.

Herkunft und Entwicklung

Die Idee des Lernens an Stationen, auch Lernzirkel genannt, kommt ursprünglich aus dem Sportbereich.
Das „circuit training", von Morgan und Adamson 1952 in England entwickelt, stellt den Sportlern unterschiedliche Übungsstationen zur Verfügung, die sie der Reihe nach oder in freier Auswahl durchlaufen.
Eine Übertragung dieser Lernform auf Unterrichtsinhalte in verschiedenen Fächern wurde zunächst an der Schallenbergschule in Aidlingen/Baden-Württemberg, später am Seminar für schulpraktische Ausbildung in Sindelfingen und seit etwa 1980 an vielen Schulen aufgegriffen und stetig weiterentwickelt.
Der Herausgeber und die Autoren stellen die Ergebnisse ihrer eigenen praktischen Arbeit und Erfahrung in dieser Reihe vor und bieten ihre Materialien als Grundlage für den direkten Einsatz oder als Grundlage für eine Anpassung an eigene Bedürfnisse an.

Zielrichtungen

Das Lernen an Stationen kann unterschiedliche Ziele verfolgen:

- ☐ optimales Üben ermöglichen durch ein breites Angebot, das die verschiedenen Lerneingangskanäle, allgemeine Übungsgesetze, unterschiedliche Aufgabenarten, Schwierigkeiten und Hilfestellungen berücksichtigt,
- ☐ vertiefendes Bearbeiten eines Inhalts beziehungsweise eines Themengebietes, indem Schülerinnen und Schüler nach zuvor gestalteter Übersicht oder Einführung die Inhalte auf ihre Art, mit ihren Möglichkeiten und in ihrem individuellen Tempo auf unterschiedlichen Ebenen selbstständig bearbeiten,
- ☐ selbstständiges Erarbeiten von Themengebieten, indem die Schülerinnen und Schüler durch angemessene Arbeitsangebote Sachverhalte hinterfragen, erforschen, erfahren, gestalten usw.,
- ☐ Angebote aus Schulbüchern oder Medien unter ganzheitlicher Betrachtungsweise aufarbeiten, indem die Schülerinnen und Schüler Aufgabenstellungen zu Teilgebieten mit unterschiedlicher Betrachtungsweise und auf unterschiedlichen Ebenen fächerübergreifend bearbeiten.

Organisation

Die einzelnen Arbeitsaufträge geben den Schülerinnen und Schülern klare oder offene Aufgabenstellungen mit eindeutigen Anweisungen. Die Angebote werden im Klassenzimmer zur Verfügung gestellt, indem der Arbeitsauftrag durch Aushängen oder Auslegen bereitgestellt wird. Dazu bietet sich zum Schutz das Verpacken in Prospekthüllen an.
Als Ort zum Aushängen eignen sich alle Wand- und zum Teil auch die Fensterflächen. Pinn-Nadeln oder Nägel (Nagelleisten) erleichtern das Aufhängen und Abnehmen. Beim Auslegen der Arbeitsangebote bzw. -aufträge helfen Ablagekörbe, Ordnung zu halten.
Das Bereitstellen außerhalb der Schülerarbeitstische (also auf Fensterbänken, Nebentischen oder durch Aufhängen) erübrigt das tägliche Aufbauen und Wiederabräumen, stellt also eine große zeitliche und organisatorische Erleichterung dar. Falls im „Fachlehrerbetrieb" der ständige Abbau nötig ist, sind ineinander stapelbare Ablagekörbe, in denen die Aufträge verbleiben, sehr hilfreich.
Die Kennzeichnung der einzelnen Stationen durch Ziffern, Buchstaben oder Symbole hilft den Schülerinnen und Schülern bei der Orientierung. Durch bewusste Verwendung dieser Ordnungsangebote kann die Struktur des Themengebietes oder eine andere Struktur (z. B. Arbeitsform o. Ä.) gleichzeitig verdeutlicht werden.

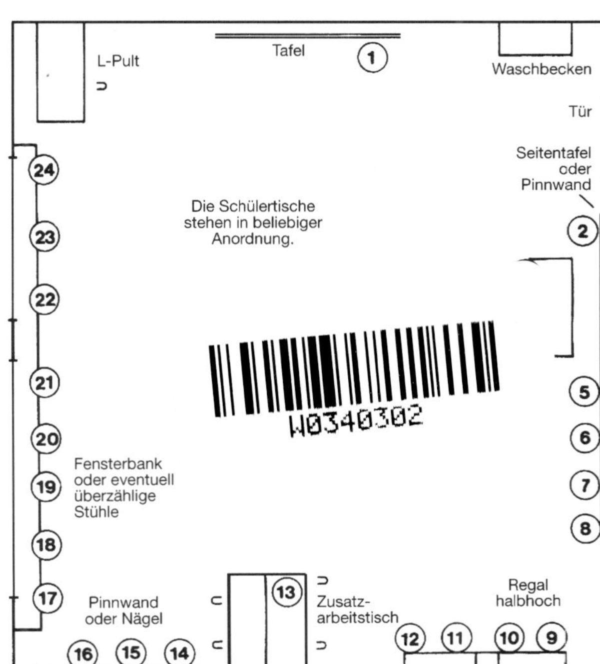

Eine Fortschrittsliste bzw. ein Laufzettel gibt Schülerinnen und Schülern wie den Lehrkräften jederzeit eine Rückmeldung über den derzeitigen Bearbeitungsstand und dient der Übersicht.

Auswahlangebote

Den Schülerinnen und Schülern ist sinnvollerweise ein Auswahlangebot zu ermöglichen; Minimalanforderungen können von der Lehrerin oder dem Lehrer definiert werden. Als Orientierungshilfe finden Sie dazu in den Hinweisen zu diesem Themenheft weitere Angaben.

Sonstige Tipps

Organisatorische Bedingungen und Festlegungen sind möglichst an der konkreten Situation und erst beim tatsächlichen Bedarf zu klären und zu regeln. Ist die Klassenstärke größer als die Anzahl der zur Verfügung stehenden Arbeitsstationen, können Sie die einzelnen Arbeitsaufträge mehrfach anfertigen. Weitere Hinweise zur Organisation, zu den Inhalten und zum Lernen an Stationen allgemein finden Sie im Einführungsband zu dieser Reihe, der unter dem Titel „Schülergerechtes Arbeiten in der Sekundarstufe I: Lernen an Stationen“ im selben Verlag erschienen ist.

Roland Bauer
(Herausgeber)

ALLGEMEINE HINWEISE ZU DIESEM THEMENHEFT

Vom Himmel kommt es,
zum Himmel steigt es,
und wieder zur Erde muss es,
ewig wechselnd.
(J. W. v. Goethe)

Wollen wir als Menschen auf der Erde überleben, sind wir darauf angewiesen, dass unsere Umwelt intakt bleibt. Um zu vermeiden, dass wir leichtfertig unsere Lebensgrundlagen zerstören, müssen wir wissen, welche Folgen menschliches Handeln für die Umwelt haben kann.
Eine Erhaltung unseres Lebensraumes wird nur gelingen, wenn wir aus unserem Wissen die notwendigen Konsequenzen ziehen und diese auch in unserer ganz persönlichen Lebensweise berücksichtigen.

Gute Gründe für ein neuartiges Arbeiten

Die Schule muss auf die rasanten gegenwärtigen Veränderungen der Lebensverhältnisse der Jugendlichen reagieren. Neue Erkenntnisse der Lernbiologie und Lernpsychologie legen neue Unterrichtsmethoden nahe. Neuere Lehrpläne betonen den Erwerb von Schlüsselqualifikationen und sehen den Einsatz fächerübergreifender und ganzheitlicher Arbeitweisen im Unterricht ausdrücklich vor. Eine zunehmende Projektarbeit trägt dazu bei, dass die Trennung der Fächer teilweise aufgelöst wird, „Lernblöcke“ lösen bisherige Einzelstunden mit eng definierten Lernzielen und Lernkontrollen ab.
Damit verändern sich die Rollen der Lernenden und Lehrenden: Individuelle Erfahrungen, das Arbeiten in unterschiedlichen und frei gewählten Sozialformen, das selbstständige Er- und Verarbeiten stehen für die Lernenden im Vordergrund und sehen den „Lehrenden“ eher in der Rolle des Organisators, Beraters und Partners.

Ziele dieses Themenheftes

Die Schülerinnen und Schüler sollen die Wirkung von Schadstoffen durch experimentelle Arbeit verstehen. Sie erfahren, welche Möglichkeiten der Vermeidung bzw. begrenzten Benutzung und Beseitigung solcher Stoffe es gibt. Sie erkennen, dass Wasser nicht ver-, sondern gebraucht wird. Wasser lässt sich nicht auf einer Mülldeponie lagern, es kehrt immer wieder in den Kreislauf zurück. Die Unterrichtseinheit liefert einen Beitrag zum Umweltschutz, indem verantwortungsbewusstes Handeln gefördert und Verständnis für notwendige Maßnahmen geweckt wird. Es sollen Kenntnisse und Fähigkeiten vermittelt werden, die die Handlungskompetenz der Jugendlichen stärken und sie zu umweltgerechtem Verhalten führen. Fächerübergreifende Aspekte können aus den Fächern Religion, Ethik, Geographie, Kunst und Deutsch eingebracht werden oder sollten parallel zu dieser Arbeit in den entsprechenden Fächern noch mehr Beachtung finden. Auch die enge Verzahnung der Fächer Biologie und Chemie wird deutlich.

Zeitlicher Umfang

Die Arbeitszeit für den gesamten Lernzirkel beträgt einschließlich einer Einführung etwa 10 bis 12 Unterrichtsstunden.

Notwendige Vorkenntnisse

Kenntnisse über die besondere Bedeutung des Wassers in der belebten und unbelebten Natur sollten die Schülerinnen und Schüler ebenso einbringen wie grundlegende chemische Kenntnisse, z. B., dass Wasser eine chemische Verbindung darstellt, Salze löst und Nährstoffe transportiert.

Organisatorische Hinweise

Es ist sinnvoll, die Stationsblätter in unterschiedlichen Farben zu gestalten, z. B. „gelb“ für alle Stationen, an denen experimentiert wird, und „rot“ für jene Stationen, an denen Textarbeit und Recherche im Vordergrund stehen. Erfahrungsgemäß können Sie diese Blätter nur dann mehrfach verwenden, wenn Sie sie in eine Folientasche einlegen oder auf Folie ziehen. Die Bereitstellung erfolgt direkt mit dem benötigten Material auf einzelnen Tischen (z. B. im Chemiesaal).

Hinweisschilder für die einzelnen Stationen können in Anlehnung an die beiliegende Stationen-Übersicht erstellt werden. Sie erleichtern den Schülerinnen und Schülern sehr die Orientierung im Stationenzirkel. Jeder Schüler und jede Schülerin erhält zusätzlich einen Laufzettel als Übersichtsplan. Damit behalten sie nicht nur den Überblick über bereits Geleistetes, sondern können auch ihren eigenen Lernweg planen. Darüber hinaus ist es empfehlenswert, zu den Stationen eine separate Mappe für die Dokumentation anzulegen.

Feed-back-Gesprächsrunden sollten, über die gesamte Bearbeitungszeit verteilt, den Schülerinnen und Schülern Gelegenheit zu freien Äußerungen geben (s. z. B. Station 9).

Einstieg

Als Einstieg können Dias zum Thema Wasserverschmutzung als Impuls eingesetzt werden. Solche Dias sind in der Regel über die Landesbildstellen und Landesmedienzentren zu beziehen. Auch die örtlichen Wasserversorgungsunternehmen stellen nicht selten schöne Materialien zur Verfügung.

ZU DEN EINZELNEN STATIONEN

Der vorliegende Zirkel besteht aus 19 Stationen, die in Partner- oder Gruppenarbeit durchlaufen werden sollen. Partner- und Gruppenarbeit fördert die Teamfähigkeit des Einzelnen und regt sachbezogene Kommunikation an. So können auch (z. B. sprachlich bedingte) Verständnisprobleme leichter bewältigt werden. Außerdem wird die Durchführung der Versuche erleichtert.

An 8 Stationen sind Versuche eingebaut, bei denen die Schülerinnen und Schüler ein Problem erkennen, experimentell bearbeiten und gedanklich einordnen sollen.
An 7 Stationen sollen sie Wissen und Zusammenhänge begrifflich erfassen und strukturieren, um so eine differenzierte Aussage machen zu können.
An Station 12 „Wasser sparen“ steht zwar das gestalterische Moment mit seinem Bezug zum Fach Bildende Kunst im Vordergrund, gleichzeitig ist damit aber auch die Absicht verbunden, eine dauerhafte Verhaltensveränderung einzuleiten.
An Station 13 werden die Schülerinnen und Schüler durch die Anwendung geographischer Verfahrensweisen angeregt, über globale Zusammenhänge nachzudenken.
Die in Station 15 vorgesehenen Untersuchungen können je nach lokalen Gegebenheiten in schulnahen Gewässern (Biotop) von Schülern und Schülerinnen durchgeführt werden. Ansonsten empfiehlt sich ein Lerngang mit der ganzen Gruppe.

MATERIALLISTE UND ANMERKUNGEN

An allen Stationen oder an einem zentralen Ort in der Klasse sollten DIN-A4-Bögen in ausreichender Menge sowie Blei- und Buntstifte bereitliegen. An einigen Stationen (4, 6, 7, 8) sollte Schülern und Schülerinnen, die nicht alle nötigen Informationen zur Bewältigung der gestellten Aufgabe parat haben, die Möglichkeit geboten werden, sich selber kundig zu machen. Dafür kann entweder eine kleine, zentrale „Wasser-Bibliothek“ mit Biologie- und Chemie-Schulbüchern, einem allgemeinen und einem Biologie-Lexikon, eventuell einigen Wasser-Sachbüchern etc. eingerichtet oder ein ausgewähltes Buch an die jeweilige Station gelegt werden.
Die Schülerinnen und Schüler legen zu dem Stationen-Zirkel einen Ordner an, in dem ihre Arbeitsergebnisse abgeheftet werden.

Station 1 „Wasser wird knapp“

Station 2 „Ist Wasser gleich Wasser?“
Reagenzglasständer, Reagenzgläser, mind. 4 verschiedene Wasserproben, weiße Pappe o. Ä.
Falls Sie die Wasserproben selber vorher gesammelt haben, sollten Sie den Schülerinnen und Schülern genaue Angaben machen, wo Sie die Proben entnommen haben. (Bach/ Teich/ Fluss ..., direkt am Ufer/in der Flussmitte ...).
Da es in den seltensten Fällen möglich sein wird, dass jede Arbeitsgruppe sich eigene Proben sammelt, ist zu empfehlen, einmal mit der ganzen Klasse Proben zu sammeln, die dann auch an den Stationen 5, 6 und 16 benutzt werden können.

Station 3 „Gefährdung des Grundwassers“

Station 4 „Ein Ölunfall und seine Bekämpfung“
große Schüssel mit Wasser, 1 Flasche Speiseöl, Sägemehl (keine Sägespäne), 1 Schaumlöffel, 1 Esslöffel

Station 5 „Nitrate im Wasser“
An dieser Station sollten mehrere Wasserproben (inkl. Leitungswasser) aus dem weiteren Umfeld der Schule genommen und in Bechergläsern oder kleinen Gläsern mit Schraubver-

schluss bereitgestellt werden. Darüber hinaus werden Nitrat-Teststäbchen und einige Reagenzgläser benötigt. Die Farbskala und die dazugehörigen Nitrat-Werte müssen auch vorliegen (in aller Regel auf der Verpackung der Teststäbchen).

Station 6 „Sauer oder was?“
Hier sollten drei bis vier Flüssigkeiten (z. B. ein Entkalkungsmittel, Essig, oder stark verdünnte Salz- bzw. Schwefelsäure und Milch, Öl oder Leitungswasser) in Reagenzgläsern vorbereitet werden. Mehrere Rollen Universalindikatorpapier (oder alternative Indikatoren) sollten vorhanden sein. Ein Chemie- oder Biologiebuch an dieser Station bietet den Schülerinnen und Schülern, die sich nicht mehr an Laugen, Säuren und Indikatoren erinnern, die Möglichkeit, sich selbst noch einmal zu informieren. Falls Sie an dieser Station Säuren oder Laugen verwenden, stellen Sie bitte unbedingt eine Augenwaschflasche bereit!

Station 7 „Selbstreinigungskraft eines Gewässers“
ein Chemie- oder Biologiebuch, in dem diese Thematik behandelt wird; **Lösungen:**
1. Sauerstoff von der Wasseroberfläche, 2. Sauerstoffverbrauch durch Tiere, 3. Ausscheidungen, 4. Sauerstoffverbrauch durch Bakterien, 5. Bakterien bauen organisches Material zu Mineralstoffen ab, 6. Aufnahme der Mineralstoffe durch Pflanzenwurzeln, 7. Ablagerungen abgestorbener Pflanzen, 8. Sauerstoffabgabe im Rahmen der Fotosynthese.

Station 8 „Phosphatbelastung von Oberflächengewässern“
Hier könnte ausgewähltes Info-Material der bekannten Umweltverbände, Verbraucherzentralen, Stiftung Warentest etc. ausgelegt werden.

Station 9: „Wie funktioniert ein Klärwerk?“
In den Feed-back-Runden sollte explizit auf diese Station eingegangen werden, da erfahrungsgemäß das recht abstrakte Schema eines Klärwerks einige Fragen aufwirft.

Station 10 „Mechanische und chemische Reinigung“
3 Glasgefäße, 1 Trichter, Filterpapier, Löffel, Holzkohlepulver, Tafelkreide, Mehl, Papierschnipsel, Sand, Natriumphosphat-Lösung, Eisen-(III)-Chlorid-Lösung.

Station 11 „Dafür wird Trinkwasser verwendet“

Station 12 „Aktion ‚Wasser sparen‘“
Papier, Bunt- oder Filzstifte, Wasser-Info-Materialien der Naturschutzverbände, der Wasserwirtschaft etc. (s. auch Station 8), evtl. Zeitschriften zum Ausschlachten für eine Collage, 1 DIN-A3-Plakatbogen (als Grundlage für die verschiedenen Aufkleber). Es können auch runde, ca. 12 cm breite Blanko-Aufkleber gestellt werden, die dann mit nichtabwaschbaren Stiften bemalt werden.

Station 13 „Wasser beeinflusst das Klima“
1 Schulatlas

Station 14 „Das Wassertropfenspiel“
Der Spielplan sollte im Vorfeld vergrößert kopiert und zusammengeklebt werden. Auch die Regeln und die Frage-/Antwort-Karten sollten möglichst etwas vergrößert kopiert werden. Die zusammengehörigen Frage- und Antwortkarten müssen ausgeschnitten und aneinander geklebt werden. Darüber hinaus werden Spielsteine (am besten angedeutete Wassertropfen aus farbigen Pappen in zwei verschiedenen Größen ausschneiden) und Würfel benötigt.

Station 15 „Wie gut oder wie schlecht ist unser Wasser?“
Je nachdem, in welchem Gelände Sie mit Ihren Schülerinnen und Schülern die Wasserproben entnehmen wollen, sollten diese sich Gummistiefel mitbringen. Darüber hinaus be-nötigen Sie: Plastikschalen, 1 Mehlsieb oder Kescher, 1 kleinen Pinsel, 1 Pinzette, 1 Pipette, 1 Löffel, 1 Lupe.

Station 16 „Der Wasserkreislauf“
Bunt- oder Filzstifte, Biologie- oder Erdkundebücher, die den Wasserkreislauf behandeln

Station 17 „Wasser in Lebewesen“
weiße Nelken oder Tulpen, 1 Biologiebuch oder Lexikon, mehrere Gläser oder Vasen, diverse dunkle Tinten (dunkelblau, schwarz, lila) oder Eosin, ein Kopf grüner Salat, eine empfindliche Waage – Die Versuche dieser Station müssen am Tag vor der eigentlichen Stationenarbeit eingeleitet werden, da die Ergebnisse erst nach einer längeren Zeit eintreten. Der frische Salat sollte vorher gewogen und mehrere Blumen sollten in Vasen mit unterschiedlich gefärbtem Blumenwasser gestellt werden.

Station 18 „Wasser – haben wir denn nicht genug?“
Lineal, Zirkel, Bunt- oder Filzstifte, Millimeterpapier-Bögen

Station 19 „Ausflug in die Geschichte“
1 Bibel, evtl. ein Exemplar: Georg Büchmann. *Geflügelte Worte*. München: Droemer Knaur, div. Zeitschriften, Klebstoff, Plakatkarton, 1 Kassettenrekorder mit Mikrofon

LAUFZETTEL VON: . . . .

Die folgenden Stationen habe ich schon geschafft:

WASSER WIRD KNAPP.
WARUM NEHMEN DIE GRUNDWASSERVORRÄTE AB?

Alles Wasser, das verdunstet, fällt irgendwo wieder auf die Erde herab. Insofern bleibt unser Wasservorrat – bezogen auf die gesamte Erde – stets gleich. Dennoch kann sich die Wassermenge ändern, die einer Region als Regen, Fluss- und Grundwasser zur Verfügung steht. Veränderungen der Umwelt können das Klima und damit die Wasservorräte beeinflussen. Täglich werden dem Grundwasser riesige Wassermengen entnommen, um es als Trinkwasser oder in der Industrie zu verwenden. Dabei wird in einigen Gegenden der „Nachschub“ knapp. Das kommt u. a. daher, dass Teile unserer Wohngebiete und Städte zubetoniert und asphaltiert worden sind. Wegen dieser so genannten BODENVERSIEGELUNG kann das Wasser hier nicht in den Boden eindringen und das vorher entnommene Grundwasser ersetzen. Im Rahmen der FLURBEREINIGUNG auf dem Lande wurden außerdem sehr viele Bäche begradigt. Das Wasser fließt hier nun schneller in Flüsse und Seen ab. Die Folge ist jedoch, dass weniger Wasser versickern kann und der Grundwasserspiegel sinkt.

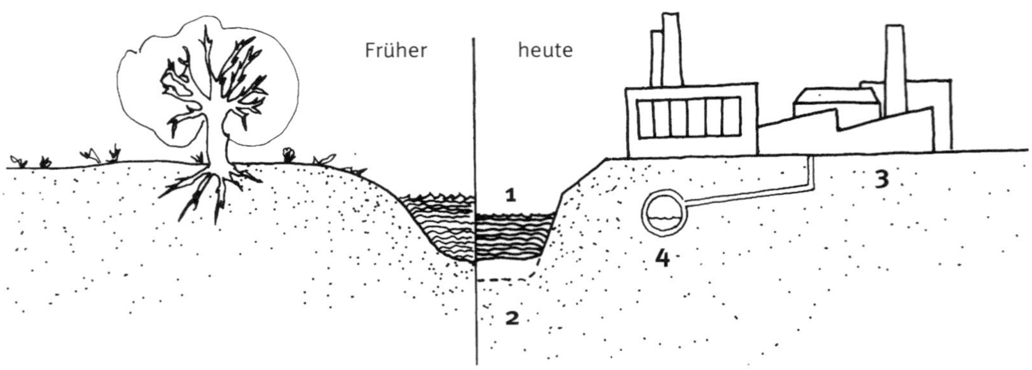

1. ....

2. ....

3. ....

4. ....

Du kannst wählen:

[1] Was in der Zeichnung mit den Zahlen 1 bis 4 markiert ist, soll in den Zeilen 1 bis 4 beschrieben werden: Schreibe jeweils einen Satz dazu
oder

[2] beschreibe die Veränderung in der rechten Bildhälfte mit deinen Worten.

IST WASSER GLEICH WASSER?

Versuch zur Wasseruntersuchung

Arbeitsaufträge:

1 Sammele 3 bis 4 Wasserproben und notiere jeweils in der letzten Spalte der Tabelle, wo genau du die Probe entnommen hast.

2 Stelle alle Proben *aufgeschüttelt* vor einen weißen Hintergrund!

3 Untersuche die Wasserproben auf:
a) Geruch
b) Farbe
c) Aussehen
d) Schwebstoffe
Trage deine Beobachtungen in eine Tabelle ein!
Wie man so eine Tabelle aufstellen kann, siehst du unten.

4 Hilfen für deine Beschreibung:
Geruch z. B.: geruchlos, modrig, faulig ...
Farbe z. B.: farblos, gelblich, bräunlich ...
Aussehen z.B.: fast klar, trübe, milchig ...
Schwebstoffe: ja (viel/wenig), keine

	Geruch	Farbe	Aussehen	Schwebstoffe	Woher stammt die Probe?
Probe 1					
Probe 2					
Probe ...					
Probe ...					
Probe ...					

GEFÄHRDUNG DES GRUNDWASSERS

Schadstoffe gefährden das Wasser. Wasser ist unser wichtigstes Lebensmittel. Es soll klar, geruchlos, farblos, frei von Krankheitserregern sein und außerdem gut schmecken.

Wir gewinnen Trinkwasser hauptsächlich aus Grundwasser. Obwohl es bei uns genügend Grundwasser gibt, bereitet doch an einigen Orten die Versorgung mit Trinkwasser bereits Probleme. Die Grenzwerte[1] für Schadstoffe im Wasser sind dort überschritten.

Wie gelangen diese Stoffe ins Wasser? In der Landwirtschaft werden viele Pflanzenschutz- und Düngemittel verwendet. Die von den Pflanzen nicht aufgenommenen Stoffe werden vom Regen direkt in die Gewässer geschwemmt oder versickern im Boden. Besonders in Gegenden mit Massentierhaltung wird zu viel Gülle[2] auf die Böden ausgebracht. Hier ist es nur eine Frage der Zeit, wann das Nitrat durch den Boden gesickert ist und das Grundwasser erreicht.

Fakalien[3] können zum Beispiel aus undichten Sickergruben in den Boden oder direkt in ein Gewässer rinnen. Aus manchen Industriebetrieben fließen Abwässer, die Giftstoffe enthalten, in die Flüsse. Giftstoffe, wie beispielsweise Schwermetalle (z. B. Blei, Cadmium, Quecksilber), sind auch in geringen Mengen schon schädlich.

Große Gefahren gehen auch von wilden Müllhalden in der Landschaft aus. Hier haben Menschen aus Bequemlichkeit und Gedankenlosigkeit die Umwelt als Müllschlucker missbraucht. Aus diesen Müllablagerungen werden mit der Zeit Schadstoffe ausgewaschen, die im Boden versickern.

1 Im „Grenzwert“ wird festgelegt, wie viele Schadstoffe höchstens im Trinkwasser sein dürfen.

2 Gülle = flüssige Tierausscheidungen, Jauche

3 Fäkalien = anderes Wort für die Ausscheidungen von Menschen und Tieren

Arbeitsauftrag:

Erstelle eine Skizze oder beschreibe in deinen Worten, wo und wie Grundwasser gefährdet ist!

EIN ÖLUNFALL UND SEINE BEKÄMPFUNG

Arbeitsaufträge:

1 Öl ist ausgelaufen und droht ins Grundwasser zu gelangen.
Was könnte man dagegen tun?
Schreibt eure Ideen auf!

2 Führe den folgenden Versuch durch:
Fülle eine Schüssel mit Wasser und tropfe etwas Speiseöl darauf! Versuche nun, diesen „Ölunfall“ durch Abschöpfen mit dem Löffel zu bekämpfen.
Streue in einem zweiten Versuch Sägemehl auf die Wasseroberfläche.
Kannst du jetzt Öl und Sägemehl gemeinsam abschöpfen?

3 Wie könnte man nach deiner Beobachtung also einen Ölunfall bekämpfen?

4 Erkläre den Begriff „Ölpest“!
Kennst du ihn nicht, schau im Lexikon nach!

Übertrage in dein Heft!

NITRATE IM WASSER

Nitrate sind für Pflanzen Nährstoffe, die ihr Wachstum fördern. Deshalb sind sie in Pflanzendüngern enthalten. Wenn aber mit den Düngemitteln mehr Nitrate in den Boden gelangen, als die Pflanzen aufnehmen können, werden die überschüssigen Nitrate mit dem Regen ins Grundwasser, in Bäche, Seen und Flüsse gespült.
Dabei gelangen sie auch in unser Trinkwasser. Das ist besonders gefährlich für Kleinkinder und Säuglinge. Aber auch Kleinlebewesen, die für die natürliche Reinigung des Wassers sorgen, und Fische sind gefährdet.

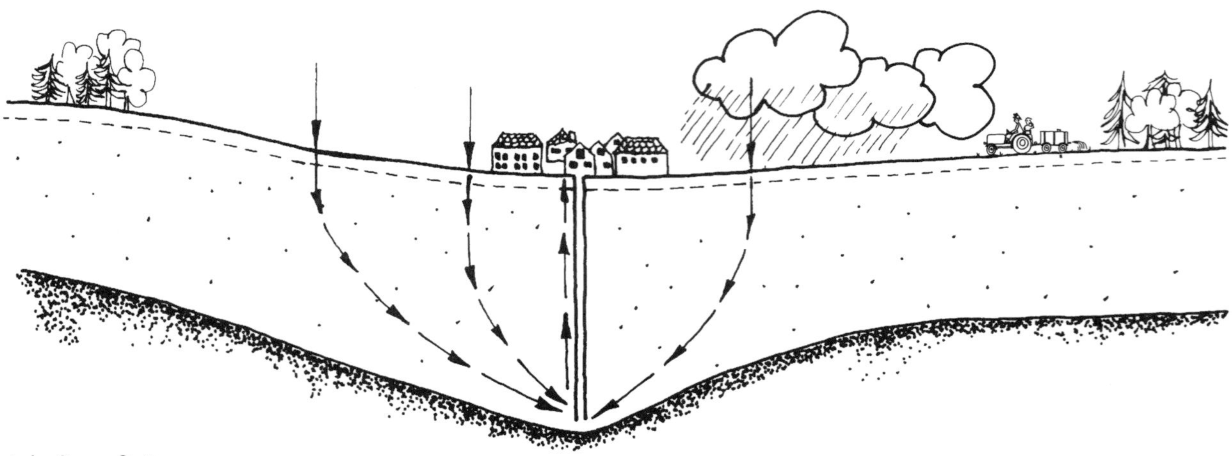

Arbeitsaufträge:

1 Beschreibe mit deinen eigenen Worten, wie die Nitrate ins Trinkwasser gelangen können!

2 Vor dir stehen verschiedene Wasserproben aus der Gegend. In welcher Probe vermutest du den höchsten Nitratgehalt? Schreibe deine Vermutung ins Heft!

3 Überprüfe deine Vermutung:
Fülle ein Reagenzglas mit Wasser einer Probe! Halte die Testzone eines Nitrat-Teststäbchens eine Sekunde lang in das Reagenzglas! Warte anschließend zwei Minuten und vergleiche die eintretende Färbung mit der Farbskala! Lies den Nitratgehalt in Milligramm pro Liter ab und trage die Werte für jede Probe genau in dein Heft ein!
War deine erste Vermutung richtig? Hat dich das Testergebnis überrascht?

WICHTIG:
Spüle die Reagenzgläser aus und werfe die benutzten Nitrat-Teststäbchen weg, bevor du die Station verlässt!

SAUER ODER WAS?

Arbeitsaufträge:

1 Prüfe die vor dir stehenden Flüssigkeiten auf ihren pH-Wert mit dem Universalindikatorpapier.

2 Wenn du nicht mehr weißt, wie es geht, im Buch ist es beschrieben.

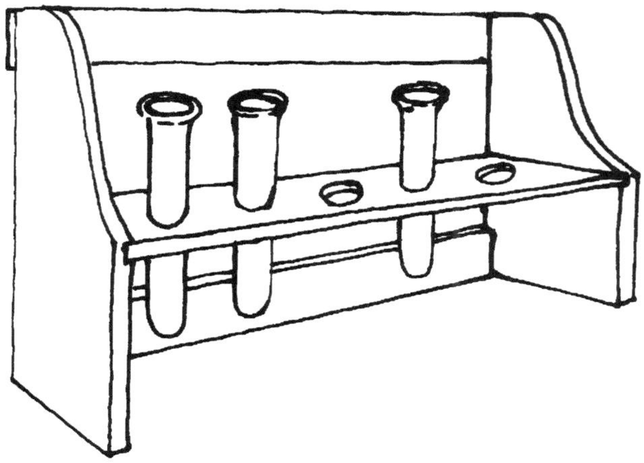

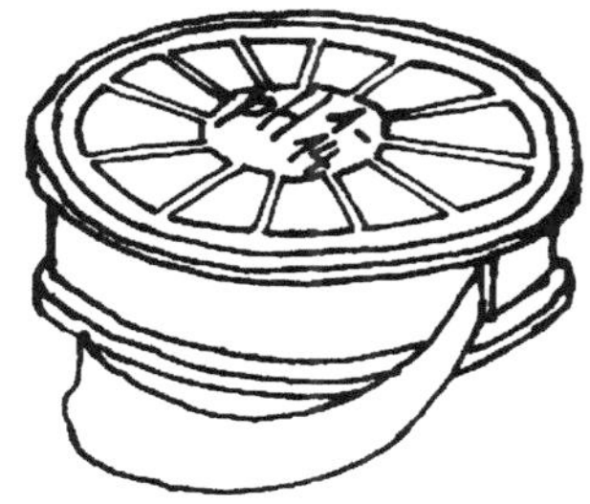

Info:

Eine Flüssigkeit mit dem ph-Wert 1 ist eine sehr stark sauer wirkende Säure.
Eine Flüssigkeit mit dem ph-Wert 7 ist keine Säure mehr, diese Flüssigkeit reagiert neutral.

3 Lege eine Tabelle an aus der klar hervorgeht welchen ph-Wert jede der Flüssigkeiten hat.

SELBSTREINIGUNGSKRAFT EINES GEWÄSSERS

Arbeitsauftrag:

Weißt du, was man unter der Selbstreinigung eines Gewässers versteht? Der Sauerstoffgehalt des Wassers spielt dabei eine große Rolle.
Lies dir den Text durch und schreibe in deinen eigenen Worten eine Erklärung in dein Heft!
Beschrifte anschließend die Skizze! Du kannst sie auch zeichnerisch ergänzen, wenn du willst.
Wenn dir wichtige Informationen fehlen, versuche sie in Schulbüchern oder einem Lexikon nachzuschlagen.

Der Wasserhaushalt der Natur ist so eingerichtet, dass sich das Wasser durch Verdunsten, Kondensieren und biologischen Abbau von Schadstoffen selbst reinigt.
Bakterien, Einzeller und Pilze bauen organisches Material (z. B. Ausscheidungen von Tieren, Ablagerungen abgestorbener Pflanzenteile) zu Mineralstoffen ab, wobei sie Sauerstoff verbrauchen, der zum Teil von den Pflanzen bei der Fotosynthese produziert wird und zum Teil an der Wasseroberfläche aufgenommen wird.
Die Mineralstoffe werden von den Pflanzen als Nährsalze aufgenommen.
Täglich fallen in Haushalt, Industrie und Landwirtschaft gewaltige Abwassermengen an. Werden sie direkt in Flüsse und Bäche eingeleitet, ist ihnen die natürliche Selbstreinigungskraft der Gewässer nicht gewachsen. Abwasser muss deshalb in Kläranlagen gereinigt werden.

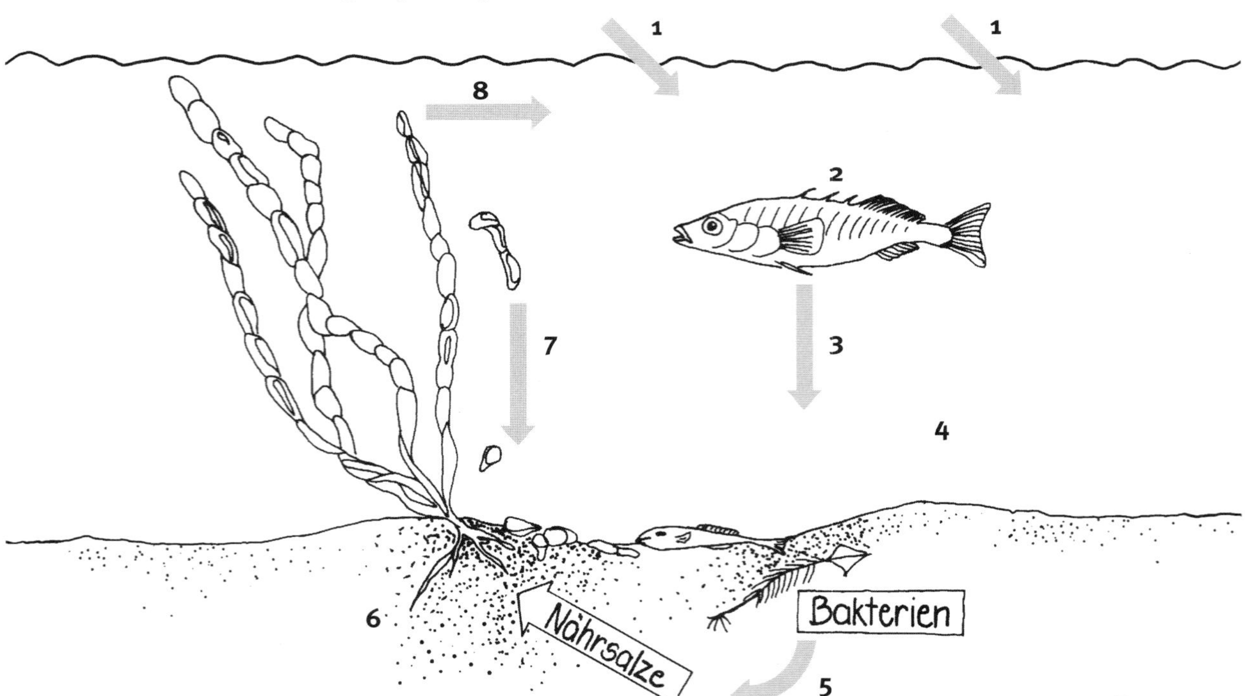

PHOSPHATBELASTUNG VON OBERFLÄCHENGEWÄSSERN

Herkunft der Phosphatbelastung der Oberflächengewässer:
menschl. Ausscheidungen 35%
Industrie 18,5%
Waschmittel 17,6%
Boden und Düngung 13,4%
Viehhaltung 13,2%
Niederschläge 2,3%

Die Abwässer aus Haushalten und Industriebetrieben enthalten große Mengen an Phosphaten. Da diese in Klärwerken kaum abgebaut werden, gelangen sie in unsere Seen und Flüsse.
An sich sind Phosphate wichtige Mineralsalze, die den Pflanzen als Nährstoffe dienen. In Gewässern bewirken sie deshalb zunächst einmal ein vermehrtes Wachstum bei Algen und Wasserpflanzen.
Bis zu einem gewissen Grad ist eine solche Pflanzenvermehrung unschädlich. Bei den meisten langsam fließenden oder stehenden Gewässern nimmt jedoch die Vermehrung der Wasserpflanzen, vor allem der Algen, überhand.
Es kommt dann zu der so genannten Eutrophierung (griech. eu: gut; trophe: Ernährung; also „Wohlgenährtheit“). Mit diesem Begriff werden die Überdüngung von Gewässern und auch deren Folgen bezeichnet.

Arbeitsaufträge:

1 Phosphate sind wichtige Nährstoffe für die Pflanzen. Trotzdem sollte die Phosphatdüngung möglichst sparsam erfolgen. Ist das nicht ein Widerspruch?

2 Wie kannst du dazu beitragen, die Phosphatbelastung der Oberflächengewässer zu mindern?

3 Was versteht man unter dem Begriff „Eutrophierung“?

4 Erkläre den folgenden Satz: „Ein Gewässer kippt um“!
Weißt du es nicht, versuche dich zu informieren!

WIE FUNKTIONIERT EIN KLÄRWERK?

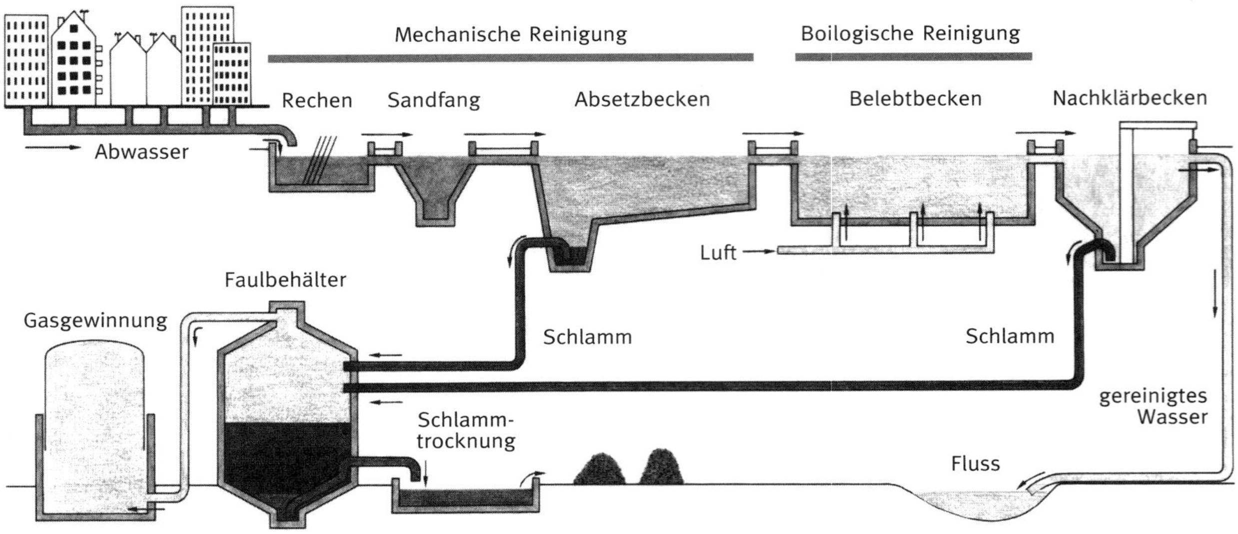

Arbeitsaufträge:

1 Beschreibe die einzelnen Stufen in wenigen Sätzen in deinem Heft!

2 Die Zeichnung enthält bestimmt auch Dinge, die du nicht verstehst. Schreibe dir die wichtigsten Fragen auf!

....

....

....

....

....

....

....

....

....

....

....

MECHANISCHE UND CHEMISCHE REINIGUNG

Wichtiger Hinweis:
Bevor diese Station bearbeitet wird, muss Station 9 gemacht werden.

Arbeitsaufträge:

1 Kannst du dich noch an einzelne Schritte der mechanischen Wasserreinigung in einer Kläranlage erinnern? Kannst du einige dieser Arbeitsschritte nennen?

2 Bei welcher Art von Wasserverschmutzung ist eine mechanische Reinigung deiner Meinung nach nicht hilfreich?

3 Überprüfe im Versuch:
Material: 3 Glasgefäße, Trichter, Filterpapier, Löffel, Holzkohlepulver, Tafelkreide, Mehl, Papierschnipsel, Sand, Natriumphosphat-Lösung, Eisen-(III)-Chlorid-Lösung.
Hinweis: Eisen-(III)-Chlorid-Lösung ergibt mit Natriumphosphat einen gelben Niederschlag.

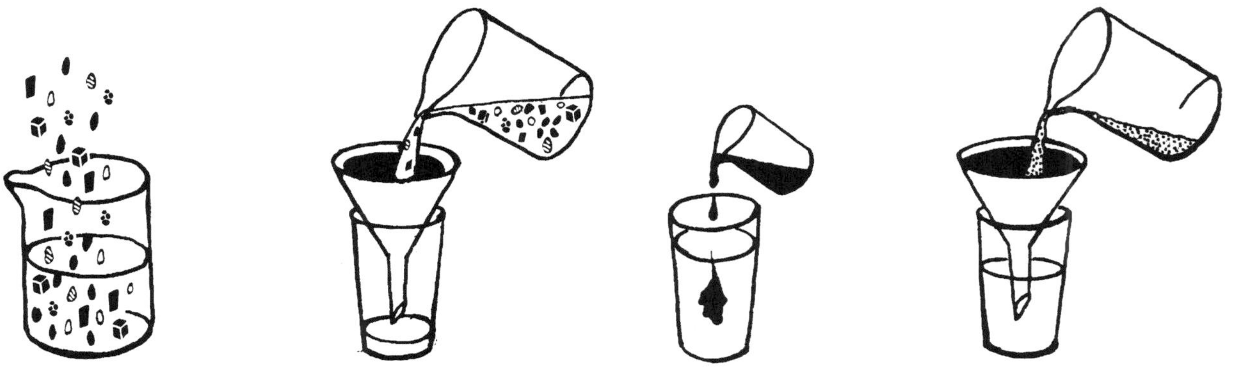

Versuch: Stelle Schmutzwasser („Abwasser") her, indem du in Wasser Natriumphosphat, Holzkohlepulver, zerstoßene Kreide, Mehl, Sand und feine Papierschnipsel mischst!
Lass das „Abwasser" 2–3 Minuten stehen und gieße es dann vorsichtig in den Filter!
Setze dem Filtrat Eisen-(III)-Chlorid-Lösung zu! Filtriere erneut!

Welche Vorgänge entsprechen der mechanischen Reinigungsstufe der Kläranlage?

Welche Stoffe werden beim ersten Filtern zurückgehalten, welche nicht?

Warum lassen sich Phosphate im Abwasser nicht durch mechanische Reinigung entfernen?

DAFÜR WIRD TRINKWASSER VERWENDET

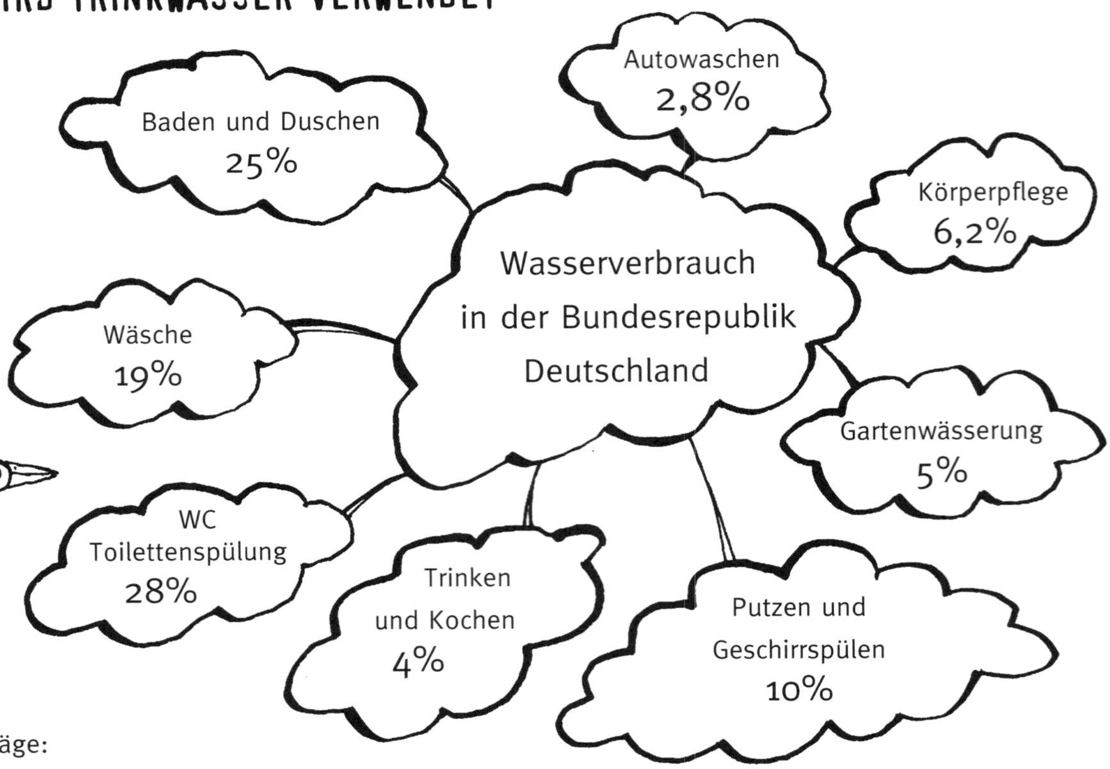

Arbeitsaufträge:

1 Ordne die Prozentsätze der Größe nach!

2 Die Prozentangaben beziehen sich auf den durchschnittliches Wasserverbrauch pro Person an einem Tag: ca 140 l! Berechne für jeden Prozentsatz den Prozentwert (in l), und trage alle Werte in die Spalte „Wassermenge in Liter“ ein!

Verbrauch des Trinkwassers für	Prozentanteile	Wassermenge in Liter

3 Klares gefiltertes Wasser, das nicht bis zur Trinkwasserqualität aufgearbeitet wurde, würde auch für manche Verwendungszwecke reichen. Welche fallen dir ein?
Wie viele Liter Trinkwasser könnte man damit pro Tag und Person sparen?

AKTION „WASSER SPAREN"

Ein Liter Heizöl macht 1 Million Liter Grundwasser ungenießbar. Beim Autowaschen werden jährlich 10–20 Millionen m^3 Trinkwasser verbraucht. Die Beispiele zeigen, dass jeder Einzelne heute verantwortungsvoll handeln muss. Damit wir auch in Zukunft genügend Trinkwasser haben, ist es notwendig, unsere Trinkwasserreserven zu schonen: Wasser ist kostbar!

Du siehst hier einige Aufkleber der Berliner Wasser Betriebe. Sie wollen die Berliner ein wenig informieren, damit sie ihr Wasser vernünftig und sparsam verwenden. Wie findest du die Aufkleber?

Arbeitsauftrag:

Entwerfe und zeichne einen Aufkleber zu der Aktion: „Wasser sparen"!
Klebe ihn dann auf das Plakat!

WASSER BEEINFLUSST DAS KLIMA

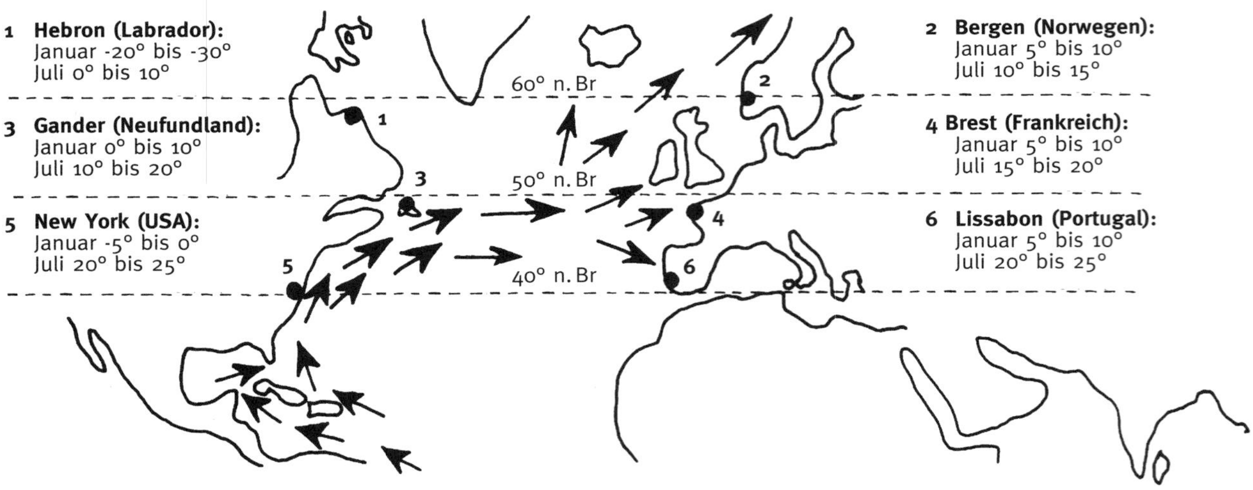

Golfstrom – „Warmwasserheizung Europas“

Der Golfstrom ist eine Meeresströmung, die sowohl kalt als auch warm ist. Warmes Wasser wird aus dem Golf von Mexiko durch den Nordatlantik an die Küsten West- und Südeuropas geführt. Dort erwärmen sich dann die Küstengewässer und das angrenzende Festland. Deswegen nennt man den Golfstrom auch die „Warmwasserheizung Europas“.

Arbeitsaufträge:

1 Vergleiche die Temperaturen von Orten in Europa und Amerika auf der gleichen nördlichen Breite! Nimm die Karte zu Hilfe!

2 Welche Folgen haben die Temperaturunterschiede für die Lebensmöglichkeiten in diesen Gebieten?

3 Beschreibe in deinen Worten, warum man den Golfstrom als „Warmwasserheizung Europas“ bezeichnet!

DAS WASSERTROPFENSPIEL

SPIELREGELN

1. 2 bis 4 Spieler können an dem Würfelspiel teilnehmen. Zum Spielen braucht man einen Würfel.
2. Jede Spielerin und jeder Spieler erhält einen Spielstein.
3. Seestern-Feld = Umweltfragen
   Fisch-Feld = Fachfragen
4. Anfangen darf derjenige, der die kleinste Augenzahl gewürfelt hat.
   Danach geht es im Uhrzeigersinn weiter.
5. Ist ein Spielfeld besetzt, kannst du deine Spielfigur daneben stellen, denn Mitspieler dürfen nicht hinausgeworfen werden.
6. Kommst du mit deiner Spielfigur auf ein Seestern-Feld, liest dein linker Nachbar dir die Umweltfrage vor.
   Wenn du die Frage richtig beantwortet hast, bekommst du einen Wassertropfen.
   Kannst du sie nicht beantworten, gibst du die Frage an deine Mitspieler weiter.
7. Kommst du auf ein Fisch-Feld, musst du eine Fachfrage beantworten.
   Du verfährst danach genauso wie auf einem Seestern-Feld (s. 6.).

8. Ob die Frage richtig oder falsch gelöst ist, erfährst du auf der Rückseite.
   (Aber nur nachschauen, wenn es unbedingt nötig ist.)
9. Sieger ist, wer die meisten Wassertropfen beim Überschreiten der Ziellinie hat.

Viel Spaß!

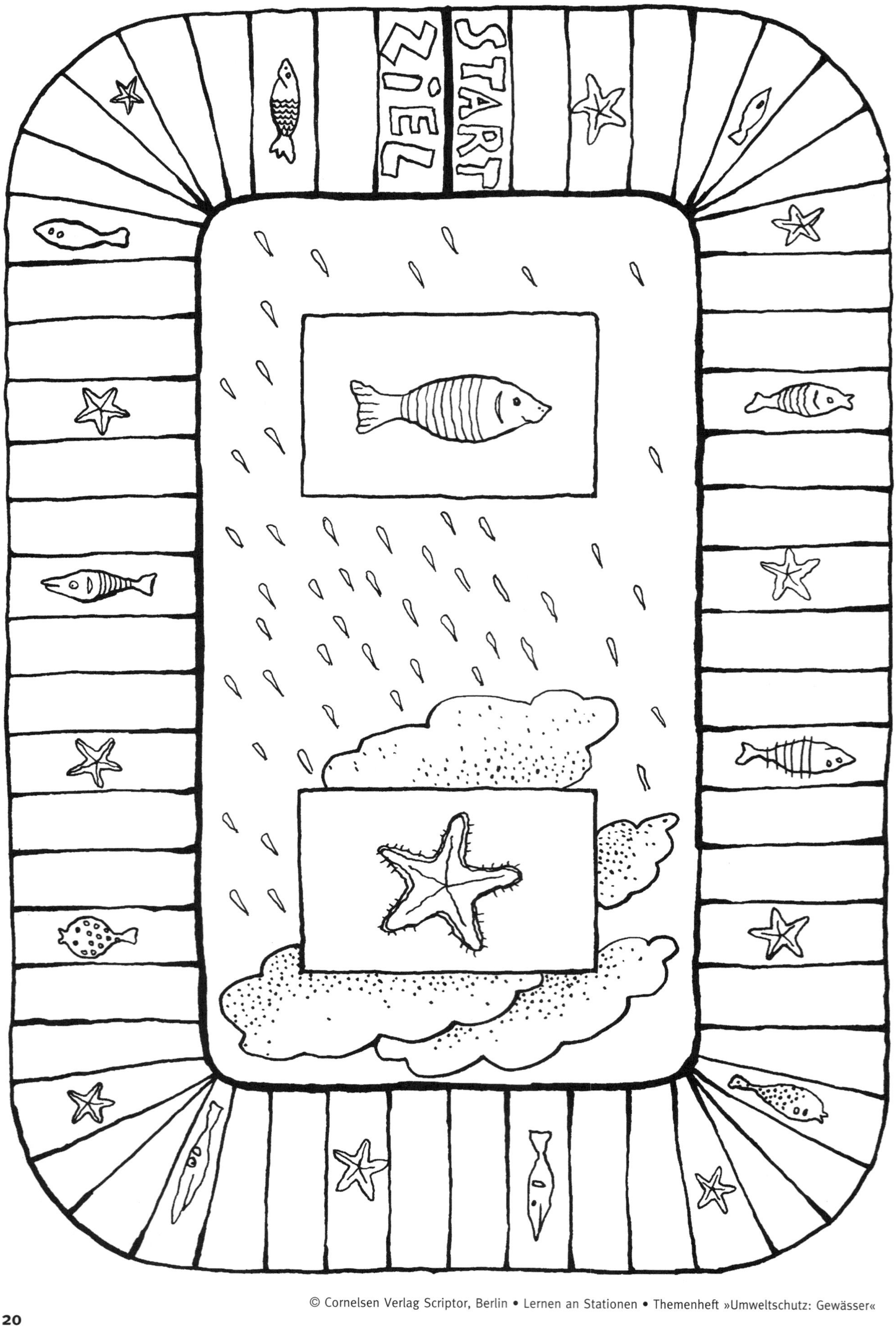
START
ZIEL

1. Welche Niederschläge außer Regen kennst du?	2. Wie entsteht saurer Regen?	3. Nenne vier Tiere die im Wasser leben!
4. 1 Liter Erdöl macht 1 Million Liter Wasser ungenießbar. Was muss man im Umgang mit Alt- oder Motoröl beachten?	5. Ist Regenwasser gleich Kondenswasser?	6. Warum macht Altöl das Erdreich „kaputt“?
7. Wo kannst du ständig Verdampfen/Verdunsten in deiner Umgebung beobachten?	8. Warum soll man Flaschen mit naturtrüben Getränken (Apfelsaft/Orangensaft) vor dem Öffnen schütteln?	9. Wo kannst du Wasser einsparen?
10. Beschreibe das Schild „Wasserschutzgebiet“!	11. Wozu braucht man destilliertes Wasser?	12. Wie hoch (in%) ist der Wasseranteil im menschlichen Organismus?
13. Warum muss destilliertes Wasser deutlich gekennzeichnet sein und darf nicht getrunken werden?	14. Kennst du Gerichte, die man ohne Wasser zubereiten kann?	15. Warum findet man an Talsperren oft das Schild „Wasserschutzgebiet“?
16. Du kochst Himbeerpudding, welche Farbe hat der Dampf?	17. Wo kann im Haushalt auf Reinhaltung des Wassers geachtet werden?	18. Welche Aufgabe hat ein Klärwerk?

3. Fisch, Seehund, Krebs, Frosch ...	2. Abgase aus Industrieanlagen, Kraftfahrzeugen und Kraftwerken verbinden sich mit Regenwasser zu einer sauren Lösung.	1. Schnee, Tau, Hagel, Rauhreif ...
6. Weil das Grundwasser vergiftet wird	5. Nein: Das Endprodukt Regen besteht aus kondensiertem Wasserdampf und aufgenommenen Gasen und Teilchen	4. Altöl muss gesammelt und dann besonders entsorgt werden.
9. Duschen statt Baden, Klarspülung ... 	8. Weil sich feste Stoffe auf dem Boden absetzen	7. Beim Kochen, beim Dampfbügeln, wenn Wäsche trocknet ...
12. ca. 65% 	11. für die Autobatterie, in der chemischen Industrie, für das Bügeleisen	10. Die Grundfarbe des Schildes ist blau. 
15. Damit hier das Grund- und Trinkwasser geschont wird.	14. Pfannkuchen, Omelette, Frikadellen ...	13. Es saugt die Salze, die ihm selbst fehlen, aus der Magenwand und schädigt damit die Zellen!
18. Das Wasser zu reinigen und dem Wasserkreislauf wieder zuzuführen.	17. Wenig Waschmittel verwenden, keine Essenreste in die Toilette ...	16. Der Dampf ist weiß!

1. Was geschieht, wenn weiße Nelken in schwarze Tinte gestellt werden?	2. Wie kann man destilliertes Wasser herstellen?	3. Herr Pfiffig ärgert sich: Er hat sein Auto abgespritzt, hat aber trotzdem Flecke auf dem Lack!
4. Wie viel Liter Wasser verbraucht eine Person durchschnittlich pro Tag im Haushalt?	5. Wir sagen: Wir verbrauchen Wasser! Stimmt das?	6. Was verstehen wir unter destilliertem Wasser?
7. Erkläre die Begriffe: – Kondensieren, – Verdampfen.	8. Beschreibe die Reinigungsstufen im Klärwerk!	9. Kennst du eine Möglichkeit, aus Meerwasser Trinkwasser zu machen?
10. Beschreibe den Vorgang der Fotosynthese!	11. Was ist „Eutrophierung“?	12. Wie kann man im Gewässer a) Phosphat b) Sauerstoff nachweisen?
13. Was versteht man unter a) Oberflächenwasser und b) Grundwasser?	14. ph-Wert Was ist das?	15. Gewässergüte lässt sich auch mit Zeigerorganismen bestimmen. Wie?
16. Welche Folgen hat ein „Ölunfall“?	17. Erkläre: Selbstreinigung eines Gewässers!	18. Wasser wird vielfältig genutzt. Gib einige Beispiele!

3. Wasser ist kein Reinstoff, es hinterlässt Flecke, da es Salz und Mineralien enthält.	2. Wasser kochen, den Wasserdampf auffangen und in ein Gefäß tropfen lassen	1. Die feinen Kanäle transportieren den Farbstoff bis in die Blüte, sodass diese schwarz wird
6. Es ist Wasser ohne Salze und Mineralien.	5. Nein! Wasser wird dem Kreislauf ja wieder zugeführt. Wir „ge-brauchen“ es.	4. ca. 140 Liter
9. Meerwasser destillieren und Salze zusetzen	8. Rechen, Sandfang, Absetzbecken, Belebungsbecken, Nachklärbecken/ Faultürme	7. Beim Kondensieren geht ein Stoff vom gasförmigen in den flüssigen Zustand über, beim Verdampfen umgekehrt.
12. a) Teststäbchen b) Sauerstoff-bestimmungskit	11. eine unerwünschte Zunahme von Nährstoffen in einem Gewässer	10. Herstellung von Nährstoffen in den grünen Pflanzen mit Hilfe von Lichtenergie.
15. Zeigerorganismen zeigen an, dass ihre Ansprüche an Nahrung und Sauerstoffgehalt erfüllt sind.	14. Der ph-Wert gibt Auskunft darüber, ob ein Stoff eine Säure oder eine Lauge ist.	13. a) Wasser aus Seen und Flüssen, b) Wasser aus dem Erdreich
18. Haushalt, Industrie, Stromerzeugung, Kühlwasser, Bewässerung	17. Durch biologischen Abbau von Schadstoffen reinigt sich das Gewässer selbst.	16. Verseuchung der Gewässer. 1 Liter Erdöl macht 1 Million Liter Wasser als Trinkwasser unbrauchbar.

WIE GUT ODER SCHLECHT IST UNSER WASSER?

Biologische Untersuchung eines Gewässers

Nach dem Sauerstoffgehalt hat man die Wasserqualität in Güteklassen eingeteilt. Je höher der Sauerstoffgehalt, desto geringer ist die Verschmutzung. Vom Vorkommen bestimmter Tiere, so genannter Zeigerorganismen, lassen sich Rückschlüsse auf die Wassergüteklasse ziehen.
Diese biologische Methode hat den Vorteil, dass auch die Folgen länger zurückliegender Verschmutzungen erfasst werden können.

Material: Plastikschalen, Mehlsieb oder Kescher, Gummistiefel, weicher Pinsel, Pinzette, Pipette, Löffel, Lupe

Versuch:

1. Nimm von einem geröllreichen Ufer einige etwa faustgroße Steine aus dem Wasser und lege sie in eine Plastikschale! Spüle kleine Tiere mit der Pipette ab oder wische sie mit einem Pinsel herunter! Gib etwas Wasser hinzu!
2. Ziehe an einer sandigen Uferstelle mit dem Mehlsieb oder Kescher mehrmals durch einen Bestand von Wasserpflanzen! Überführe die gefangenen Tiere mit Wasser in eine Plastikschale.
3. Entnimm mit Hilfe des Löffels eine Bodenprobe vom Gewässergrund. Gib sie in eine Plastikschale und verrühre mit etwas Wasser.

Arbeitsaufträge:

1 Untersuche die Schalen mit der Lupe nach unterschiedlichen Lebewesen.

2 Suche häufige Lebewesen heraus.

3 Bestimme mit Hilfe der Abbildung die Gewässergüte des untersuchten Gewässers.
Ziehe dazu nur häufig vorkommende Organismen heran.

4 Entlasse nun die Tiere in ihren Lebensraum.

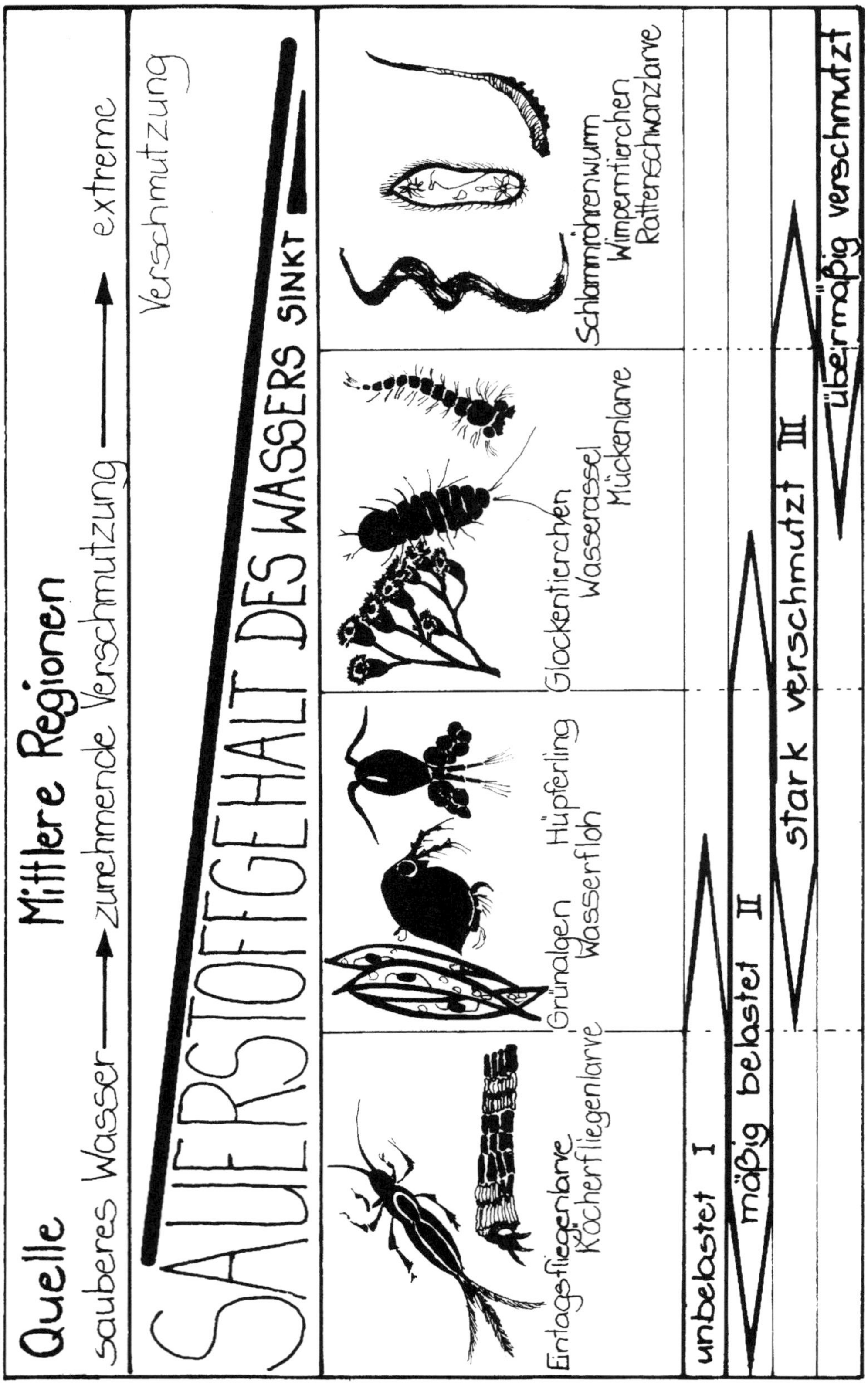
Quelle
sauberes Wasser
zunehmende Verschmutzung
extreme Verschmutzung
Mittlere Regionen
SAUERSTOFFGEHALT DES WASSERS SINKT
Eintagsfliegenlarve
Köcherfliegenlarve
Grünalgen
Wasserfloh
Hüpferling
Glockentierchen
Wasserassel
Mückenlarve
Schlammröhrenwurm
Wimperntierchen
Rattenschwanzlarve
unbelastet I
mäßig belastet II
stark verschmutzt III
übermäßig verschmutzt

DER WASSERKREISLAUF

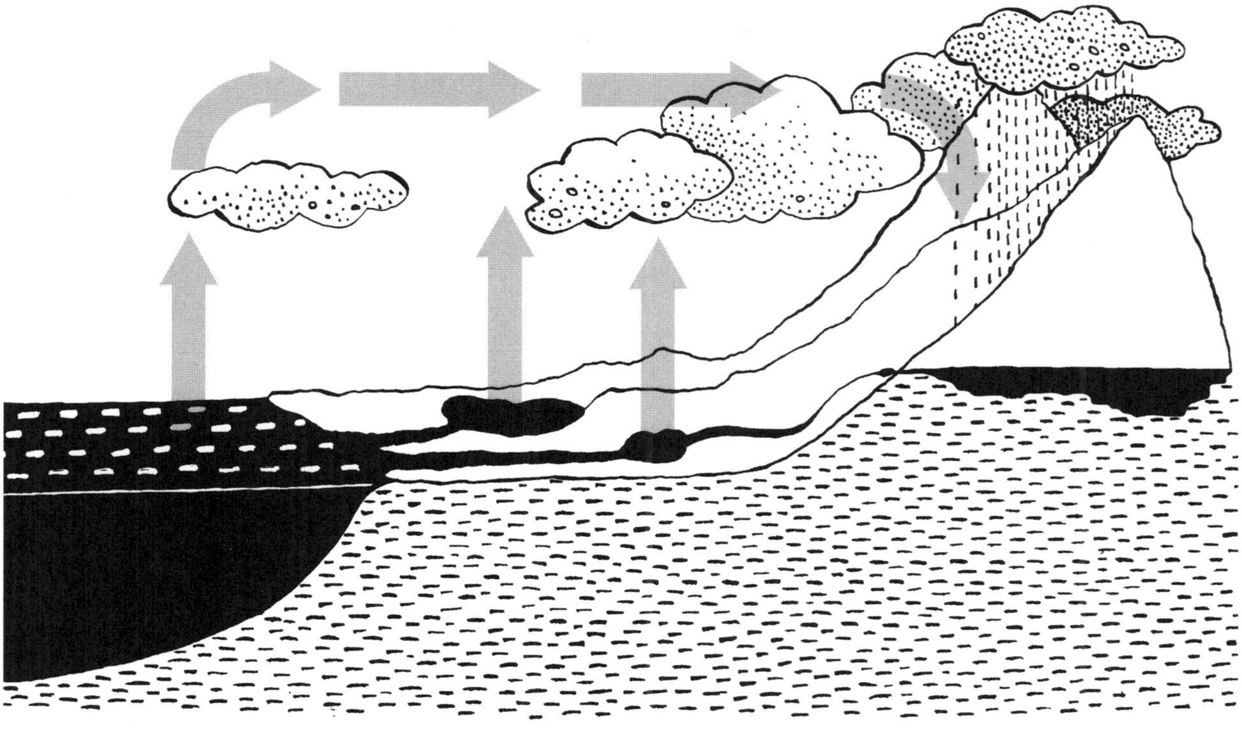

Erinnerst du dich noch?

Wasser befindet sich in einem ständigen Kreislauf.
Wenn es regnet, fließt ein Teil des Wassers ins Meer, ein Teil versickert im Boden und bildet das Grundwasser. Ein weiterer Teil fließt in Flüsse und Bäche ab, sammelt sich in den Seen und stellt das Oberflächenwasser dar.

Wenn das Wasser verdunstet, wird es als Wasserdampf in die Erdatmosphäre abgegeben. Dort kühlt es ab und kondensiert zu Wolken, die ihre Feuchtigkeit als Regen und Schnee wieder abgeben. So bleibt der Kreislauf immer erhalten.

Arbeitsauftrag:

Übertrage die Skizze in dein Heft und beschrifte sie möglichst ausführlich.
Du kannst auch versuchen, weitere Informationen zum Wasserkreislauf in den Büchern zu finden.

DER WASSERKREISLAUF – LÖSUNGSBLATT

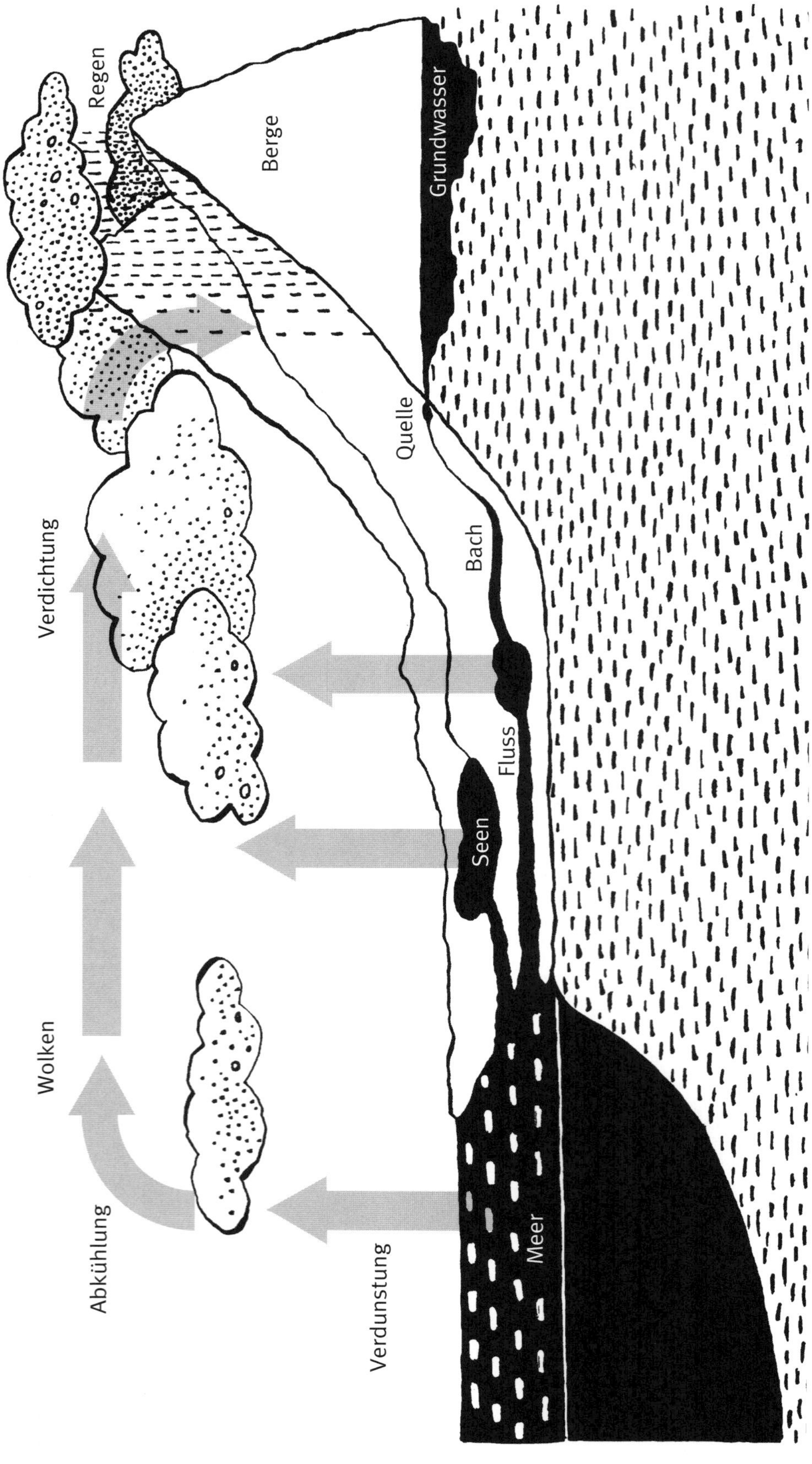

WASSER IN LEBEWESEN

Wasser verleiht den Zellen Festigkeit und Stabilität und dient als Lösungs- und Transportmittel.

Die Mineralsalze, die im Boden enthalten und für das Gedeihen der Pflanzen wichtig sind, werden durch das Wasser gelöst, sodass die Wurzeln sie aufnehmen und sie in die oberen Pflanzenteile transportiert werden können.

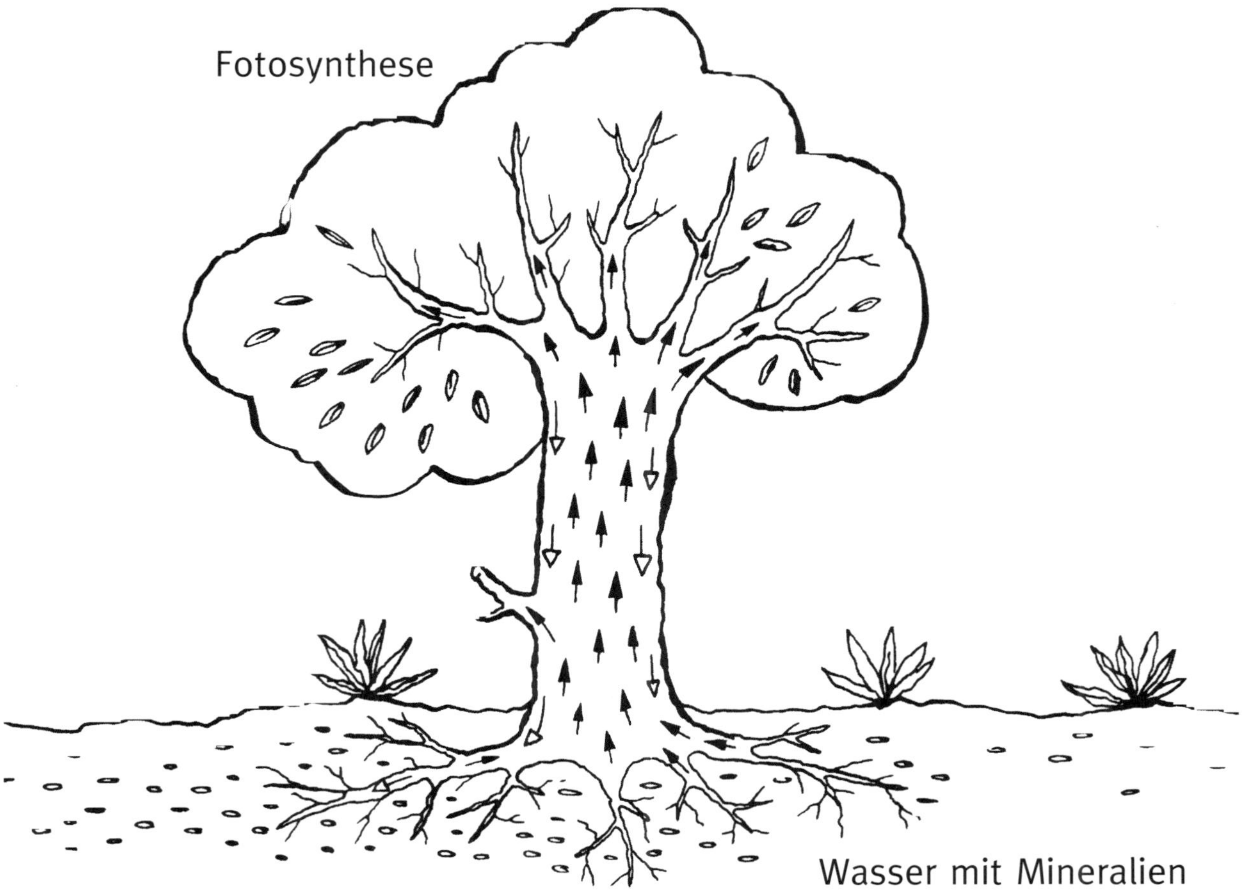

In den grünen Pflanzenteilen findet die Fotosynthese statt. Die Stoffe, die hierbei entstehen, vor allem Zucker und Stärke, werden wieder durch das Lösungsmittel Wasser transportiert, Sauerstoff wird freigesetzt.

Bei den Bäumen erfolgt die Aufwärtsbewegung der Mineralsalze im Holz.
Die Abwärtsbewegung der aufgebauten Stoffe erfolgt dagegen im Bast,
der dicht unter der Rinde liegt.

Auch der menschliche Organismus hat einen Wasseranteil von 65 %.
Der Hauptanteil befindet sich in den Zellen.
Ohne Essen halten wir es eine ganze Zeit aus, ohne Wasser jedoch nur maximal 2 – 3 Tage.
Unser Tagesbedarf an Wasser beträgt ca. 2,5 Liter, wobei es durch die Nieren, aber auch durch Lunge und Haut (insgesamt ca. 1 Liter) wieder ausgeschieden wird.

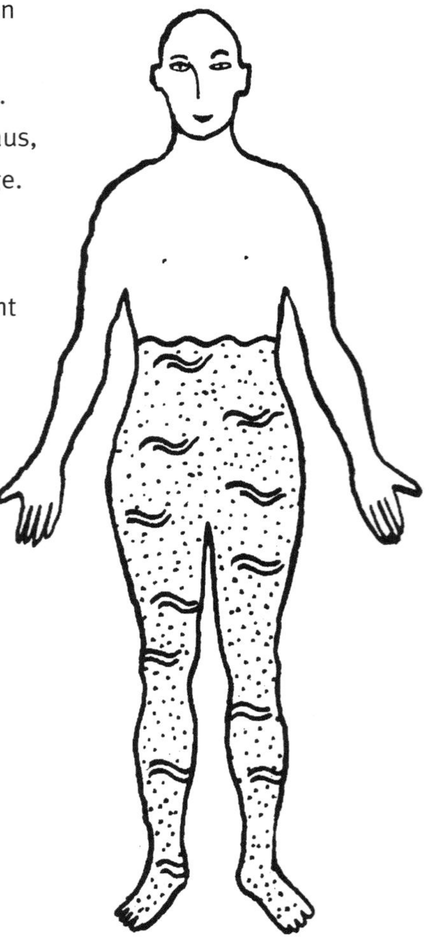

Arbeitsaufträge:

1 Nimm einige Salatblätter und bestimme ihr Gewicht.
Lass sie nun an der Luft liegen und wiege sie am nächsten Tag noch einmal.
a) Schreibe deine Vermutung auf.
b) Was stellst du fest?
c) Finde eine Erklärung.

2 Gib einige Tropfen Tinte in ein Glas Wasser und stelle eine weiße Nelke hinein.
a) Schreibe deine Vermutung auf.
b) Was stellst du fest?
c) Finde eine Erklärung.

3 Mach dir noch einmal den Vorgang der Fotosynthese klar.
Wenn du nicht weiterkommst, nimm dein Biologiebuch zu Hilfe.
Beschreibe den Vorgang oder zeichne ihn in dein Heft.

WASSER – HABEN WIR DENN NICHT GENUG?

Fast 75 % der gesamten Erdoberfläche ist mit Wasser bedeckt.
Also haben wir doch genug!

Doch das Wasser der Ozeane und Meere, das 97 % ausmacht, ist salzhaltig und es kann nicht oder nur unter hohem technischen Aufwand (Entsalzungsanlagen) für die Versorgung der Menschen oder für die Bewässerung der Landwirtschaft genutzt werden.
Ca. 2 % des Wassers befinden sich in Gletschern und an den Polen, 0,001 % sind in der Atmosphäre als gasförmiger Wasserdampf und nur ca. 0,6 % sind in Flüssen, Seen oder dem Grundwasser und machen unseren Trinkwasservorrat aus!

Trinkwasser wird fast nur aus Oberflächenwasser und Grundwasser gewonnen.

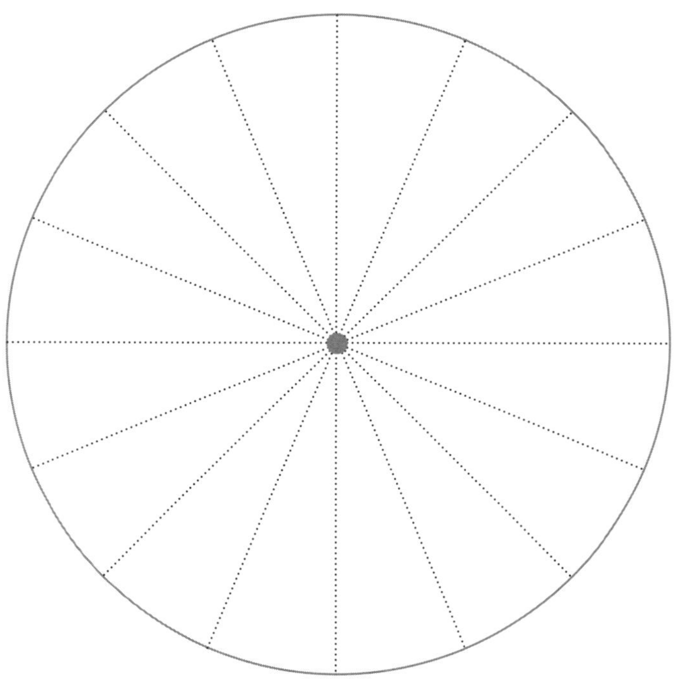

Arbeitsauftrag:

Zeichne die verschiedenen Arten von Wasser entsprechend ihrem Anteil an der Gesamtwassermenge in den Kreis ein und verdeutliche dir die verschiedenen Süßwasseranteile an der Gesamtwassermenge (100 % = 360 °; jeder der markierten Kreisabschnitte bezeichnet 22,5 °, das entspricht 6,25 % des gesamten Kreises).
Benutze verschiedenfarbige Stifte dazu.

AUSFLUG IN DIE GESCHICHTE

Wasser war schon immer ein kostbares Gut.

In der Antike wurden Meergötter und Flussgötter verehrt, Quellen wurden heilig gehalten. Auch im Christentum spielt Wasser eine große Rolle, mit Wasser wird getauft und in der katholischen Kirche wird mit Weihwasser gesegnet. Im Römischen Reich und im Mittelalter wurden Brunnenvergiftungen und Wasserverschmutzungen sehr hart, manchmal sogar mit dem Tode bestraft.

Jedoch hat der Mensch schon viel zu sehr in die Natur eingegriffen:

- ☐ Bäche und Flüsse wurden kanalisiert.
- ☐ Abwässer der Industrie wurden ungeklärt eingeleitet.
- ☐ Meere sind mit Schwermetallen wie z. B. Quecksilber, Cadmium und Blei verseucht.

Bauwerke und Kunstdenkmäler werden vom sauren Regen zerstört, vor allem wenn sie aus Sandstein oder Kalkstein gebaut wurden. In manchen Gegenen ist sogar das Grundwasser durch Dünger und Pflanzenschutzmittel so verseucht, dass es als Trinkwasser nicht mehr genutzt werden kann.

Arbeitsaufträge:

1 Kennst du Sprichwörter und Redewendungen, die mit Wasser zu tun haben?
Schreibe sie auf und halte zusätzlich in deinen eigenen Worten fest, was sie bedeuten!

2 Suche in der Schülerbücherei nach einer Sage oder Erzählung, in der Wasser eine zentrale Rolle spielt
oder
denke dir selber eine kurze Geschichte aus
oder
fertige eine Collage zum Thema: „Umweltsünden durch Wasserverschmutzung“ an
oder
schreibe einen fetzigen Rap und nimm diesen auf die Kassette auf!

Hinweis: Wassergeräusche lassen sich gut aufnehmen, z. B. als einleitende Geräuschkulisse für den Rap.